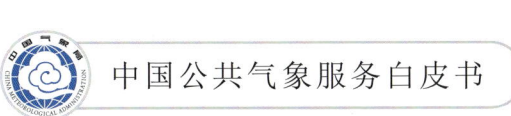

2017
中国公共气象服务

中国气象局

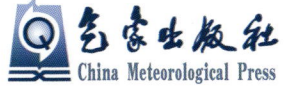

图书在版编目(CIP)数据

中国公共气象服务. 2017 / 中国气象局编. — 北京：气象出版社，2018.3
ISBN 978-7-5029-6751-2

Ⅰ.①中⋯ Ⅱ.①中⋯ Ⅲ.①气象服务-中国-2017 Ⅳ.①P451

中国版本图书馆 CIP 数据核字(2018)第 058361 号

出版发行	:气象出版社		
地　　址	:北京市海淀区中关村南大街 46 号	邮政编码	:100081
电　　话	:010-68407112(总编室)　010-68408042(发行部)		
网　　址	:http://www.qxcbs.com	E-mail	:qxcbs@cma.gov.cn
责任编辑	:张锐锐　王凌霄	终　　审	:吴晓鹏
责任校对	:王丽梅	责任技编	:赵相宁
封面设计	:吕青璞		
印　　刷	:北京地大天成印务有限公司		
开　　本	:700 mm×1000 mm　1/16	印　　张	:3
字　　数	:100 千字		
版　　次	:2018 年 3 月第 1 版	印　　次	:2018 年 3 月第 1 次印刷
定　　价	:18.00 元		

本书如存在文字不清、漏印以及缺页、倒页、脱页等，请与本社发行部联系调换

前　言

公共气象服务是中国政府公共服务和国家防灾减灾体系的重要组成部分，是利用公共气象资源向政府决策部门、各行各业和全社会提供公益性气象服务的社会生产活动。

2017年，全国气象行业围绕人民对美好生活的需要，大力发展智慧气象，优化气象服务供给。围绕保障国家重大发展战略，积极开展气象防灾减灾救灾、生态文明建设、"一带一路"气象发展和气象军民融合专项设计，强化监测预报预警服务，紧密与各级政府、部门联动，做到重大灾害天气过程不漏报、重大气象服务无失误，最大程度减少人民生命财产损失。全国公众气象服务满意度达89.1分，为2011年以来最高，为服务"三农"、保障城市安全和脱贫攻坚、区域协调发展等做出重要贡献，气象服务国家经济社会取得突出效益。

目 录

前 言

一、天气气候特点 1

二、气象防灾减灾救灾 5

三、公众气象服务 11

四、行业气象服务 17

五、生态文明建设气象保障 23

六、气象服务支撑能力 29

七、气象服务体制机制和法治建设 33

结束语 37

附录 41

一、天气气候特点

一 天气气候特点

2017年，我国气温偏高，降水偏多，气候条件复杂，局地暴雨洪涝损失重，夏季高温影响大。干旱、台风、强对流等气象灾害偏轻，气象灾害属于偏轻年份。

高温日数创历史新高。 2017年，全国平均气温10.4℃，较常年偏高0.8℃，位列1951年以来第三位，其中冬季气温为历史同期最高。全国平均高温日数12.1天，为1961年以来最多。北方高温早，南方高温强度大，其中7月21日上海徐家汇最高气温达40.9℃，打破了徐家汇1873年以来的历史纪录。

暴雨洪涝灾害突出。 2017年，全国平均年降水量641.3毫米，较常年偏多1.8%，暴雨过程频繁、重叠度高、极端性强。汛期，全国共出现36次暴雨过程；内蒙古、陕西、黑龙江等暴雨少发区多地日降水量突破历史极值；汉江流域秋汛明显，暴雨洪涝造成的直接经济损失偏重。

登陆台风多且时间集中。 2017年，共有8个台风登陆我国，较常年略偏多，台风首次登陆时间较常年偏早13天，台风最晚登陆时间偏晚10天。台风登陆时间集中，登陆点重叠。年内，有2个台风在福建福清市沿海登陆，4个台风在粤港澳大湾区登陆。台风"纳沙"和"海棠"在21小时内先后登陆同一地点，属历史首次；台风"天鸽"和"帕卡"先后登陆广东，强台风"天鸽"致灾重。

二、气象防灾减灾救灾

气象防灾减灾救灾保障能力明显提升。积极开展气象监测预报预警,有效应对汉江流域持续强降雨、吉林永吉和陕西榆林大暴雨、"天鸽""纳沙""海棠"等强台风以及北方极端高温等严重气象灾害,及时、主动做好四川茂县山体滑坡、九寨沟地震、内蒙古森林火灾等救灾气象服务。全年启动 18 次应急响应和 2 次特别工作状态,应急天数达 111 天。中央气象台发布暴雨、高温、台风等灾害天气预警 721 期,全年发布突发事件预警信息 21 万余条,气象灾害预警发布时效由 10 分钟缩短到 5~8 分钟,预警覆盖率达 85.8%,较 2016 年提高 0.8%。

新时代气象防灾减灾救灾体系建设全面推进。党委和政府在气象防灾减灾救灾中的主导作用进一步强化,由 30 个部门组成的国家气象灾害预警服务部际联络员制度实现了气象灾害防御的联防联动。气象防灾减灾救灾组织和应急体系更加完善,全国 2723 个县出台了气象灾害应急准备制度管理办法,2712 个县出台实施了气象灾害应急专项预案,5.75 万个重点单位或村屯通过了气象灾害应急准备评估。社会参与范围不断拓展,气象信息服务站、气象信息员、城乡社区成为基层气象防灾减灾救灾的中坚力量。乡镇气象信息服务站 7.8 万个,气象信息员村屯覆盖率达 99.7%,农村经济信息网覆盖

31个省(区、市)的270多个市(区)和1300多个县。1159个乡(镇)成为国家级标准化气象灾害防御乡(镇)。建设完成全国智慧气象信息员平台,实现了预警信息及时传播、灾情信息实时上报以及基层气象信息员的动态管理。

国家突发事件预警信息基本实现全网发布。 国家突发事件预警信息发布系统汇集16个部门76种预警信息,22个省级、183个市级、683个县级政府成立突发事件预警信息发布中心。健全全国突发预警信息发布会商机制,完善技术标准和规范性文件30余项,有效提升了预警信息发布的规范化水平。发展卫星移动通信、北斗卫星、海洋广播电台等多样化预警信息发布手段。与新华社等10余家中央媒体及手机客户端建立预警信息推送及共享机制,与交通、旅游、地图、消防、生活服务等各类行业强化合作,初步实现突发事件预警信息的全网、全民发布。

气象灾害风险预警业务体系逐步完善。 完成全国所有区县气象灾害风险普查,累计完成全国35.6万条中小河流、59万条山洪沟、6.5万个泥石流点、28万个滑坡隐患点的风险普查和数据整理入库。组织完成全国2/3以上中小河流洪水、山洪风险区划的制作和应用。完善气象灾害风险管理系统,强化暴雨、台风、干旱等重大灾害的风险识别和评估功能,建立统一标准、实时共享的气象灾害风险数据库。在全国897个区县开展气象风险预警业务标准化建设,建立基层气象灾害风险预警业务平台、业务系统、业务流程、运行机制和业务制度,实现基层重点中小河流、山洪和地质灾害基础信息收集全覆盖,重要隐患点监测预警全覆盖,预警信息防灾减灾责任人全覆盖,促进基层防灾减灾关口的前移,有效减轻灾害影响。

防灾减灾部门合作领域不断拓展。 建立完善与水利等涉灾部门的联合会商机制，深度参与防汛抗旱工作。与武警部队交通指挥部签订军民融合发展合作协议，实现在交通设施应急救援、气象灾害应急救援等方面深度合作。与国资委联合加强中央企业突发事件预警信息服务，联合国家人防办推进全国人防警报信息纳入国家突发事件预警信息发布系统。与林业部门联合开展林业气象服务效益评估。与环保部门建立重污染天气会商机制，进一步拓展在自然生态环境保护领域的合作。与工信部门联合推进人工影响天气装备安全管理。强化与长江三峡集团、人民保险集团等央企的合作，全面保障经济社会发展。

主动服务护航国家重大活动。 成功保障金砖国家领导人厦门会晤、"一带一路"国际合作高峰论坛、中国人民解放军建军90周年阅兵和第十三届全运会、党的十九大等重大活动，主动对接服务需求，精准监测预报，滚动服务保障。积极开展2022年北京冬奥会和冬残奥会气象服务筹备工作，组建冬奥气象中心，完善冬奥气象保障机制，印发冬奥气象服务行动计划。

智慧服务助推精准扶贫。 国家级贫困县自动气象观测站和信息服务站分别覆盖91%和90%的乡镇。与国务院扶贫办联合将驻村扶贫工作队纳入基层气象信息员队伍。智慧农业气象直通式气象服务对接贫困地区14万个新型农业经营主体。"三农"气象服务专项和人工增雨防雹保护范围实现国家级贫困县全覆盖。开展全国贫困县10千米分辨率太阳能资源综合评估和1千米分辨率精细化太阳能资源评估及13万个贫困村精细化太阳能资源评估。探索形成宁夏闽宁气象扶贫、安徽乡村旅游扶贫、贵州大数据村域经济服务社扶贫等先进经验。22个国家级贫困县所在省（区、市）的农村公众气象服务平均满意度为90.2分，高于全国农村公众气象服务满意度评价。

深化国际交流融入"一带一路"建设。与世界气象组织签署《中国气象局与世界气象组织关于推进区域气象合作和共建"一带一路"的意向书》。围绕"一带一路"沿线国家防灾减灾救灾需求,组织召开"第三届中亚气象科技研讨会""中国—东盟气象灾害防御研讨会""亚洲区域气候监测、预测和评估论坛"等活动,参与多灾种早期预警系统(GMAS)亚洲区域预警系统建设。实现卫星广播系统(CMACast)、气象信息综合分析处理系统(MICAPS)和卫星天气应用系统(SWAP)等中国气象服务品牌系统(平台)在菲律宾、塔吉克斯坦、哈萨克斯坦等周边19个国家的落户和应用,为"一带一路"沿线国家气象防灾减灾救灾和气象服务提供支持。援助科摩罗、津巴布韦、肯尼亚、纳米比亚、苏丹等5个非洲受援国成套气象系统。

三、公众气象服务

气象服务满意度保持快速增长。国家统计局调查显示,2017年,全国公众气象服务满意度为89.1分(见图),创历年来最高,其中,农村公众气象服务满意度为89.9分、城市公众气象服务满意度为88.5分,公众对天气预报的准确性、气象信息实用性、气象信息发布的及时性和气象信息接收的便捷性评价分别为80.0分、92.5分、89.5分和94.6分,公众气象服务各项评价指标连续4年保持快速增长。

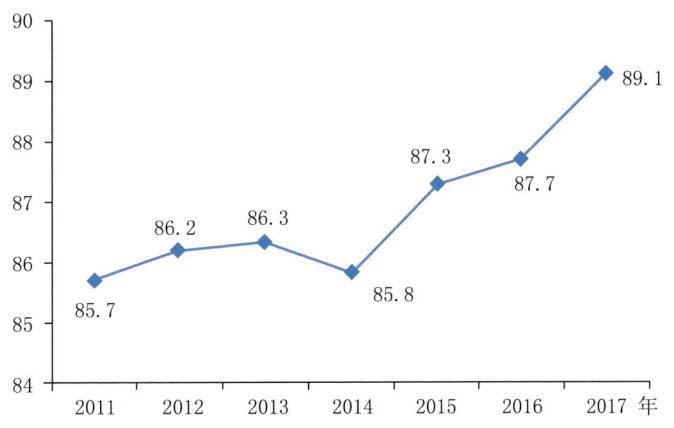

图　2011—2017年全国气象服务公众满意度对比图(单位:分)

气象服务向智慧化发展。建立全国5千米智能网格气象预报"一张网"和全球气象要素预报10千米网格,实现气象服务由区域站点向任意时段、任意地点延伸。雷达分钟降水预报信息更新频率由两年前的3小时提高到2017年的10分钟,气象服务逐步从静态向动态更新发展。组织国家级和省级气象服务部门开展基于用户习惯的气象信息推送,探索开展灾害天气实时导航、健康气象、滑雪等个性化的服务,气象服务由大众性普惠式向分众化、定制式转变。建设气象融媒体业务平台,构筑电视、网站、三微(微博、微信、微视频)、客户端等多平台的传播矩阵,实现气象服务手段的拓展和内容的融合,公众气象服务更加及时、全面。

气象服务覆盖面进一步拓展。 发展衣、食、住、行、娱、购气象服务,内涵更丰富。拓展了微信、微博、手机APP等多媒体手段,服务更迅速。扩大了中国气象局官微、中国天气网、中央气象台、停课铃、知天气、e天气等品牌影响力,服务更主动。全年通过27个国家级广播电视媒体平台制作广播影视节目52939档,约2152小时。中国气象频道制作播出新闻、预报、专题、专栏各类节目共计10894档,总计节目时长72972分钟,服务4.4亿人口,数字付费频道排名第一。中国天气网累计发布资讯9300条,专题116期,中国天气通手机装机用户达1.5亿,向中国市场约50%的智能手机用户提供数据。省级及以下气象部门微博微信粉丝数达6260.9万。全国各级气象部门共有128家气象服务网站,每天向公众及时提供6类,百余种气象服务信息。

气象科普全面推进。 2017年,各级气象科普教育基地282个,中国科协授牌"全国科普教育基地"53个,中国北极阁气象博物馆、广州市花都区气象天文科普馆、贵州省黔东南州气象台成为教育部授予的第一批"全国中小学生研学实践教育基地",全国气象科学知识普及率为76.44%。成功举办首届气象科技周活动。联合人民网打造"绿镜头·发现中国"系列品牌活动。联合国家信息中心、国家应对气候变化战略研究和国际合作中心等单位共同组织2017年"应对气候变化·记录中国——走进福建"考察活动。"我给台风起名字"活动入选2017年度微博热点事件榜,成为唯一入选科普类话题。气象行业2人获全国创新争先奖,3人获得全国科普讲解大赛一等奖和全国"十佳科普使者"称号,多个科普视频获得科普类国家级奖项。

四、行业气象服务

农业气象服务更加适应现代农业发展需求。 初步构建智慧农业气象大数据、开放式全国农业气象业务系统和智慧农业气象服务手机客户端，联合农业部创建 10 个全国特色农业气象服务中心，12 个省累计成立 44 个农业气象分中心，基本形成国、省、市、县四级业务和延伸到乡的多级服务格局。农业气象服务深入到特色农业生产、村域经济发展、农业保险、农产品气候论证等新领域，农业气象服务智能手机客户端用户达 240 万。国内外作物长势监测及产量预报产品分别拓展到 18 种和 14 种，全球重点产粮区长势监测和产量动态预报由季尺度提升到月尺度。2017 年，国内粮食总产预报准确率达 99.4%。

交通气象服务更为精细智能。 印发《交通气象服务示范建设行动方案（2018—2020 年）》，主动开展高速公路、高速铁路、内河航运、通用航空及交通安全应急保障等重要领域的智慧交通气象服务建设。提供全国公路交通逐 3 小时间隔、水平分辨率 5 千米的精细化服务产品。开展交通气象灾害风险预警试点建设，首次向交通管理部门提供交通气象灾害风险预警服务。江苏上线交通气象智能客户端；湖北融合沿江各省实时监测预报预警等多源产品，开展基于天气通航等级的航运安全保障智能化气象服务；江西基于列车行驶位置，动态向列车和巡线员"靶向"发送分钟级交通预警产品。

海洋气象服务融入海洋开发利用全过程。 开展了风、有效波高、天气状况、能见度、阵风等多要素、高时空分辨率的精细化预报服务业务。开展北印度洋和北太平洋 8 级以上大风预报业务试验,实现海洋气象传真图业务重建。组织气象相关的部门、科研机构和大学自主研发船舶导航算法,开展中国至巴基斯坦、南非等多条航线气象导航服务,打破了国外气象行业在远洋导航领域的垄断地位。浙江开发船舶气象安全导航系统 APP,实现基于用户位置定位的实时导航。河北成立 3 个海洋预警中心,为近海渔业、海上应急救援等提供气象服务。宁波研发港口全息化气象预警与决策系统,实现气象与海洋水文、船舶、港口调度、港口管制信息深度融合。

旅游气象服务内涵更加丰富。 强化旅游气象服务产品的研发,主动拓展领域,开展日出、日落、云海、雪景、雾凇、植物花期和彩叶观赏期等特色景观气象服务,发布蓝天预报及滑雪场、高尔夫球场、钓鱼等运动和休闲旅游服务产品。扩大旅游气象服务覆盖面,全国 31 省(区、市)将旅游气象服务纳入基本公共服务,全国景区气象服务从 4A 级扩大至 3A 级以上景区。丰富旅游气象服务内涵,试点开展旅游气象灾害风险预警服务,基于公众需求,提供旅游线路推荐、出行安全、衣物穿戴等旅游个性化提示。

水文地质气象服务效益持续提升。 建立重点江河流域定量化洪水预报模型系统,开展重点江河、中小河流洪水和山洪气象定量化预报试验。建立地质灾害定量化预报系统和首个地质灾害气象风险预报模型,完善地质灾害风险预警业务,每天提供全国地质灾害发生概率、危险度和风险预报预警产品,全年成功避让地质灾害 1016 起,避免伤亡人数 39869 人。

能源气象服务助力资源开发利用。 开展 164 个风电场和太阳能电站的选址评估,为 887 个风电场和太阳能电站提供预报服务。开展全国风能太阳能资源监测,发布《中国风能太阳能资源年景公报》。建立全国 1 千米分辨率的风能资源精细化评估数据库和 10 千米分辨率的太阳能资源精细化评估数据库。保障国家光伏"领跑者"基地发展计划,评估申报基地太阳能可利用条件。

航空气象服务有效提高飞行效率。 航空飞行领域实现管制信息与气象信息的充分融合,建立了天气与运行情况复盘机制,全年共保障各类飞行起降 928 万架次,同比增长 10.4%。开展对流天气对空域容量影响的研究,试点开展对流协同预报(CCFP),航管气象雷达综合显示系统应用于空管、航空公司等 13 个部门和单位,有效降低了重要天气对飞行的影响。"对流天气对珠三角地区空域容量影响"项目荣获 2017 年度交通部中国智能交通协会科学技术奖二等奖。

新疆兵团、黑龙江省农垦总局和森工总局气象服务保障产业发展。 新疆生产建设兵团针对高温、低温、寒潮等灾害性天气,提前发布重要天气警报,针对兵团需求,制作《气象信息简报》2540 余期。黑龙江农垦总局发布各生产季节的长、中、短期天气预报及精细化的为农气象预报服务产品,开展防雹作业,实现农业趋利避害。黑龙江省森工总局加强气象灾害的监测,完善森林物候气象观测网,实现林区常规天气预报、灾害性天气警报的联网,为林区产业发展、民生改善、生态安全做好全方位的气象服务。

五、生态文明建设气象保障

科学谋划生态文明气象保障工作。开展生态文明建设气象保障服务发展专项设计,印发《"十三五"生态文明建设气象保障规划》《关于加强生态文明建设气象保障服务工作的意见》,明确了新时期生态文明建设气象保障的思路和重点工作。

持续提升生态系统监测评估能力。建立以卫星遥感为基础,地面监测为补充的生态环境监测网络,实现对全国陆地和海洋全方位、多层次、长序列的生态环境监测。首颗碳卫星完成在轨测试工作,实现全球二氧化碳监测与数据共享。建立全国植被、草地、森林等为主的生态环境监测评估业务,向社会发布《全国生态气象公报(2017年)》《大气环境气象公报(2017)》《酸雨年报》,动态发布《生态气象监测评估报告》。

主动服务大气污染防治工作。组织推进大气重污染成因与治理攻关项目,研究秋冬季大气重污染的物理过程机理。完善多尺度、多维度的大气环境预报服务业务,能见度和细颗粒物($PM_{2.5}$)浓度预报时效延长至10天,增加雾、霾月尺度预测,雾、霾天气过程预报准确率达80%以上。联合环保部门开展重污染天气会商,全国23个省(区、市)气象与环保部门联合发布重污染天气预警,262个地市级以上城市联合开展空气质量预报,全面推进大气污染防治气象服务。

积极打造生态文明建设气象服务品牌。 开展第二届"中国天然氧吧"创建活动,贵州省梵净山等19个地区被列为2017年度"中国天然氧吧"创建地区,河北围场县(塞罕坝)被列为"中国天然氧吧"创建示范点。启动国家气象公园的试点建设。提出"国家气候标志"挖掘行动,开展全国气候资源普查。建立"凉爽城市"评价指标体系基本框架,推动气象服务纳入旅游景区质量等级评定标准。联合中组部、环保部、国家行政学院举办省部级领导干部生态文明建设与低碳发展专题研讨班。

人工影响天气作业助力生态修复。 在生态脆弱区、水源涵养区、草原林区开展常态化、规模化人工影响天气作业。2017年,全国开展飞机人工增雨作业998架次,飞行时长2834小时,开展地面增雨和防雹作业4.37万次,增雨目标区面积约491.3万平方千米,增加降水约483亿吨,防雹保护46万平方千米。开展三江源、祁连山、天山、黄土高原等重点生态功能区增雨(雪)作业,成功实施内蒙古林区扑火、东北华北抗旱等大规模区域性增雨(雪)作业,得到了中央领导同志的高度肯定。

气候可行性论证支撑城乡规划。 完成415项重大规划和重点工程项目气候可行性论证,服务37个城市的城市总体规划、城市通风廊道、海绵城市、气候适应性城市和重大行业发展规划设计。开展雄安新区气候安全评估和通风廊道构建气象专题研究。

应对气候变化工作服务内政外交。 与科技部、环保部联合印发《"十三五"应对气候变化科技创新专项规划》。参与制定《中国应对气候变化的政策与行动(2017)白皮书》。发布《应对气候变化报告2017:坚定推动落实〈巴黎协定〉》绿皮书、《2016年中国温室气体公报》《中国气候变化监测公报(2016年)》。牵头政府间气候变化专门委员会(IPCC)工作,气候变化综合影响评估模型研发成果被政府间气候变化专门委员会(IPCC)第六次评估报告1.5℃特别报告引用。完成联合国气候变化波恩谈判任务。编制《应对气候变化—中国在行动(2016)》外宣片,并在德国波恩气候大会上全球放映。落实中英《关于推进气候风险评估的工作协议》。举办第十三届亚洲区域气候监测、预测和评估论坛。

六、气象服务支撑能力

以战略谋划统领气象事业发展。强化顶层设计,聚焦气象防灾减灾救灾、生态文明建设气象保障、"一带一路"气象发展、气象军民融合,开展四大专项设计,推动气象事业发展进一步围绕中心、服务大局,保障国家重大战略落到实处。突出规划引领,以"十三五"规划为龙头、专项规划为配套的规划体系逐步形成,出台气象信息化、生态文明建设气象保障等方面专项规划15项,气象卫星系统工程、人工影响天气能力建设工程等20个重点工程项目稳步推进。

综合观测能力升级为气象服务扎牢根基。"风云三号"D星成功发射并获取首幅图像,实现极轨气象卫星组网观测;风云卫星南极接收站建立并投入应用,大幅提高风云卫星获取全球观测数据时效。静止卫星实现升级换代,"风云四号"A星完成在轨测试,成像能力显著提升,空间分辨率最高达500米,在世界范围内首次实现静止轨道卫星大气垂直探测。优化国家地面天气站布局,国家地面天气站达10596个,监测密度缩小至30千米,全国乡镇覆盖率达96.5%。198部天气雷达投入运行,陆地(近地面1千米)覆盖范围达220万平方千米,捕捉中小尺度灾害性天气能力有效提升。

气象预报预测能力对标国际先进持续提升。加强全球和区域数值模式改进和产品共享。2017年,全国24小时晴雨、最高气温、最低气温预报准确率分别为87.2%,81.7%,85.1%。西太平洋及南海台风路径预报继续保持世界先进水平,24小时路径误差为73.5千米。雷暴和短时强降水24小时预报准确率较2014—2016年平均百分率分别提高4.9%和8.5%。汛期降水趋势预测准确率评分达76分,为2000年以来第二高值。汛期气温趋势预测准确率评分高达94分,为1999年开展检验以来最高值。厄尔尼诺/拉尼娜事件预测达到世界先进水平。

气象科技为业务服务发展续航。参与制定综合防灾减灾、应对气候变化、农业农村和环境领域等四项"十三五"科技创新专项规划。第三次青藏高原大气科学试验、华南暴雨试验等大型科学试验顺利推进。启动国家"重大自然灾害监测预警与防范"重点专项。首批遴选中国气象局野外科学试验基地21个。智能网格预报业务投入运行,空间分辨率达5千米。21个项目(含课题)获得国家科技重点专项支持,发表第一作者SCI论文487篇,获得专利126项,发布标准169项,登记和备案科技成果1613项,57项成果获省部级科技奖。

国际合作增添气象服务新动能。承办建立世界气象组织高影响天气项目国际协调办公室。与美国、俄罗斯、韩国、蒙古国、巴基斯坦等国制定气象核心业务发展、气象现代化、"一带一路"气象服务、冬季奥运会气象保障等国际合作计划,确定合作项目62个。推进与欧洲中期天气预报中心和欧洲气象卫星开发组织的合作。我国被世界气象组织认定为世界气象中心和亚洲沙尘暴预报区域专业中心,标志着我国气象业务的整体水平迈入世界先进行列。

七、气象服务体制机制和法治建设

气象服务创新机制初步建立。 举办首届气象服务创新大赛,推进大数据、移动互联、物联网等技术的应用,培育上海远洋导航、宁波港口气象服务、贵州扶贫模式以及天津内涝监测预警等为代表的创新作品和模式,推动气象服务创新发展。建设智慧气象服务云平台,促进气象服务创新成果转化和社会应用。

气象服务社会化水平逐年提升。 中国气象数据网多渠道开展行业、社会和互联网数据资源汇聚,免费向社会开放气象数据,构建了以气象大数据分析为基础、全社会参与的气象服务社会化机制。2017年,中国气象数据网新增用户注册数34367个,日采集量达40 GB,访问量突破1.1亿次,气象数据API接口年访问量超过100万人次,调用数据总量超过5 TB,有力支撑气象服务企业和社会机构开展气象数据增值性、公益性开发与创新应用。中国天气网为百度地图、腾讯等近100个合作伙伴和1万多个用户提供个性化定制气象数据服务。省级气象部门加强权威基础数据的供给,上海成立了智慧气象众创空间,山东、陕西、河南等省建成大数据工程研究机构,积极支撑气象服务社会力量的发展,气象服务呈现蓬勃发展的态势。

气象行政审批制度改革持续推进。 推进防雷行政许可等审批制度改革,建立了多元主体参与的防雷技术服务市场,构建了防雷减灾工作新格局。推进行政审批信息化建设,实现"零超时"。推动气象行政许可规范化管理,在国务院部门行政许可标准化工作测评中排名第四。

气象信息传播与气象服务市场规范管理持续发力。建立气象服务市场管理制度和标准体系,完成气象服务企业备案管理系统的研发和应用,开展气象服务企业的备案管理工作,全年,气象信息服务企业备案456家。开展预报传播质量评价,北京、河北联合网信办开展气象信息传播的监控,黑龙江在全国率先出台气象信息服务管理方面的行政法规,积极推动建立气象预报传播监管体系。

气象法治思维和法治建设贯穿发展全过程。修订并发布《气象灾害防御条例》,实施新修订的《气象行业管理若干规定》《气象行政许可实施办法》2部门规章,废止部门规章1部,废止规范性文件42件,修改1件。发布84项国家标准,46项行业标准、2项团体标准、37项地方标准。中国气象局和各省(区、市)气象局建立了法律顾问制度。

结束语

结束语

2017年,在党中央、国务院的正确领导下,中国气象局认真贯彻习近平新时代中国特色社会主义思想和党的十九大精神,认真落实中央战略部署,圆满完成全年各项任务。

2018年,是贯彻落实党的十九大精神的开局之年,是改革开放40周年,是实施"十三五"规划承前启后的关键一年。各级气象部门将深入学习贯彻党的十九大精神,以习近平新时代中国特色社会主义思想为指导,以气象现代化为总抓手,坚持趋利避害并举,着力服务保障国家战略,做好气象防灾减灾救灾工作,发挥气象优势保障国家生态文明建设,助力乡村振兴建设现代气象为农服务体系,推进气象军民融合和服务区域协调发展,不断提高气象发展的质量和效益,持续提升气象国际影响力和气象服务保障全面建成小康社会的水平。

附 录

国家级气象信息主要获取渠道

1. 中国天气网：http://www.weather.com.cn
2. 中国气象频道
3. 中国气象网：http://www.cma.gov.cn
4. 中国天气通：http://3g.weather.com.cn
5. 国家突发事件预警信息发布网：http://www.12379.cn
6. 中国中央电视台新闻联播天气预报
7. 中国气象数据网：http://data.cma.cn
8. 全国气象服务热线电话：4006000121